没关系，
你的人生可以更轻松

[日] 伊藤淳子 / 著
[日] 南幅俊辅 / 摄影
清泉浅井 / 译

重庆出版集团　重庆出版社

若能不必在意世间的种种羁绊，活得自由自在，该有多好啊。然而，世事往往难遂人愿，人生百年难免诸多苦楚。你是否也在以自己的方式拼命努力地活着，内心却时常萦绕着不安与怀疑呢？

悲伤、痛苦，没有自信，怀疑自己至今为止所做的一切，心理防线眼看就要被这种不安压垮。

当心灵濒临崩溃边缘时，一只猫从我眼前走过，那副优哉游哉的模样，令我不禁羡慕地赞叹："啊！当猫真好啊。"我开始想象猫的心情。

即便被当作宠物饲养，猫仍旧自力更生、自由奔放。无人饲养的猫更是自在，"凡中意之处皆为吾土"。在大自然之中，猫，究竟都思考些什么呢？

任何一只猫，都是寻找惬意栖居之所的天才。暖洋洋的向阳处，能得到美味鱼儿的渔场或是略微隐蔽的角落里，都能看到猫咪的身影。

我看着这些悠闲自在的猫咪，脑中不禁浮现出老子的名言——"无为自然"。

中国思想中的老子

《老子》是中国古代的著作,据说是由老子这个人写就的。

春秋战国时代的乱世之中,诞生了许多思想家。彼时,以《论语》为代表的儒家思想正掀起热潮,儒家主张治国勉学,不断完善、提升自我。而老子的思想,则反对儒家的"努力主义",礼赞自然。道家认为被社会规则与理解禁锢,以及勤勉于学习和竞争,是"不太好的事",提倡以本来的样子,如大自然般、如空气般、如水般,淡然度过人生。

所谓"本来的样子",即不去刻意、勉强做事。好比看着一株小树苗逐渐成长,直到它长成大树,只需默默守护,无需多做些什么。

不自矜,不自擂,不引人注目而自有知己者,如此便可。毅然决然的生活态度,甚至略带些禁欲倾向。

并非特意寻求他人的认可而做出的自然而然的行为却帮到了别人。

这,不是很像猫吗?

《老子》是由81章节构成的散文,既没有故事,也没有起承转合。全书以"无为自然"为核心,言及天地自然的由来,与万物的根源,提出了许多以"本来样子"生活的启示和建议。

时而以孕育生命的母亲为例,时而要人们学习纯真无垢的婴儿,坦率地、不引人注目地保持自己的风格。

如水般,坚韧地活着,温柔却不失力量,是道家的理想。

不强调自我,抛却欲望,不持有多余之物。谦逊地活着,时而如野草一般,时而如路旁的沙砾一般。

老子的思想,给在竞争社会中精疲力竭的现代人,带来一种回归原点般的安心感。

当你止步不前,心中发出犹豫的疑问——"这样可以吗?"时,仿佛有个声音在回应你"那样可以的"。这就是老子的温柔。

而那些户外的猫咪们,仿佛就在实践着老子主张的生活方式。

稍稍片刻,停下你的脚步,让你的心和它们一起,变得暖而软吧。

CONTENTS

自由地活着……1
中国思想中的老子……5
不耍威风，却自有威严……6

01 不需要名字……2
02 干净和肮脏是一样的……4
03 如水，如空气……6
04 以攀登顶峰为目标……8
05 不沉溺于快乐……10
06 我就是我，再迟钝也是我……12
07 不完美才好……14
08 不需要语言……16
09 自由随性地活着……18
10 慢即是美……20
11 活成自己的样子……22
12 哪儿都不去也挺好……24
13 淡然地行动……26
14 找到自己的风格……28
15 心怀珍珠般的真实心声……30

CHAPTER 1

给逐渐失去自信的你

逆境是最大的机会，
痛苦将变成财富

获得心灵的安宁

不过分努力，不预设目标

01 有比金钱更重要的东西……34
02 像花草那样自然地活着……36
03 不要慌乱……38
04 不被感谢也没关系……40
05 威风凛凛……42
06 没有不需要的东西……44
07 不炫耀力量……46
08 上善若水……48
09 要像沙砾而非宝石……50
10 缓慢闲适，心灵丰富……52
11 以慈悲之心待人接物……54
12 柔软地接受……56
13 "不懂装懂"是病……58
14 柔软而非刚强地活着……60
15 大树，最初也是小苗……62

爱，很美好

在我身边，有许多小美好

01 心总是空空荡荡……66
02 成为母亲般的存在……68
03 什么都没有，才有用……70
04 生于根，归于根……72
05 每个人都是一棵小树……74
06 不要虚张声势……76
07 抛却理论吧……78
08 不执着……80
09 心怀不求回报的爱……82
10 有与无的反复……84
11 除了五感之外 还能感受到什么……86
12 一个一个，慢慢积累……88
13 受恩赐的生命……90
14 像大自然一样宽广的心……92
15 不作片面判断……94

后记……96

给逐渐失去自信的你

逆境是最人的机会,疮苔将变成财富

01
不需要名字

当你为该怎样度过人生烦恼时,
不要觉得大家认为好的生活方式,就是对的。
无论是头衔,还是名字,
受到大众认可的,未必正确。
追本溯源,任何东西原本都是没有名字的,
为了与其他东西区别开,才有了名字。
有了名字,
就能与其他东西区别开。
但一旦拥有了名字,
不知不觉就受到了束缚。
原本,"名字"并无关紧要。
即便没有名字,
东西仍然存在。
没有名字,也无伤大雅。
就像东西没有名字也可以一样,
生活方式
也没有什么"非此不可"。

猫咪美味传说

> **黑猫葡萄酒**
>
> 德国摩泽尔地区的 Zeller Schwarze Katz 这种葡萄酒的商标上画着一只黑猫。传说黑猫站过的酒桶里的葡萄酒比较好喝。商标的黑猫便源自这个传说。

02
干净和肮脏是一样的

任何人见了都觉得美的东西,
看法一变,可能就不觉得美了。
另一方面,
大部分人见了都觉得不可爱的东西,
在某些人心中也许非常可爱。
可爱、不可爱,
没有对错之分。
好和坏也一样。
无和有
亦并非两极对立,
都在一条线上。
所以,
你觉得很难的事,
也许坚持做完后,会发现它其实很简单。
诸如此类两极对立的事物,就像音乐里的和音一样。
如同乐器的演奏和歌声要协调一般,
世间万物也一直在和声。

猫咪不可思议

猫咪认家

常有人说:"狗认人,猫认家。"原因是,猫有强烈的地盘意识。据说,在外活动的猫,把半径50～100米以内视为自己的地盘。不过,其中也不乏富有冒险精神的猫。

03
如水，如空气

世上最柔软的东西，
能随心所欲地撼动
世上最坚硬的东西。
比如
水，
空气。

无形的东西
能进入任何缝隙。
让我们学一下水和空气
那种无为的生活方式吧。
不解释，不辩驳，
自然而然地活着吧。
如水和空气般的存在，
无与伦比的
美妙。

猫咪方方面面

> **猫的恋爱**
>
> 早春，为恋情烦恼的猫咪，是俳句的季语。"猫的恋情停歇时，从寝室看到的朦胧月"（松尾芭蕉），"不停拍打蒲公英的顶端，猫的恋情"（小林一茶），"恋爱中的猫，拉扯大红色的丝线"（松本孝）。[1]

---

[1] 俳句是日本的一种古典短诗，当中必定要有一个季语。所谓季语是指用来表示四季及新年的季节用语。此处提到的松尾芭蕉、小林一茶、松本孝都是日本的著名俳句诗人。

04
以攀登顶峰为目标

假设你手中拿着一个装满水的容器,
那就不仅不能再往里面倒水,
还要时刻担心水会不会溢出来。
同样,研磨锋利的刀具容易卷刃,
不耐用。
无论是水,还是刀具,
适度为宜。
同样地,财产也适量为宜。
积蓄不可计数的财宝,
难免终日担心遭窃,
忧心惹祸上身。
骄兵必败乃世间常理,
一旦登上顶峰,
其后,除了下山别无选择。
当你觉得自己已在某件事上做到极致时,
迅速退身而出才是良策。

猫咪的谚语

给猫木天蓼

猕猴桃科猕猴桃属蔓生落叶灌木,别名夏梅。对木天蓼内酯这种挥发成分产生反应的猫咪就会像喝多了酒一样酩酊大醉。因此,"给猫木天蓼"常用来形容"非常喜欢,喜欢到不行"。

05
不沉溺于快乐

奢侈的服饰，
令人目眩眼花。
嘈杂的音乐，刺痛耳朵。
山珍海味、豪华饮食，
让我们的舌头变得奇怪。
赌博，迷乱人心。
不可计数的金银财宝，
妨碍人按本心行动。
在这世上，有太多迷惑人心的东西。
让我们努力不让这一件件的事物扰乱心智，
努力丰富内心世界吧。
停止追逐感官上的快感，
朴素地生活吧。

猫咪奇谭

鸳鸯眼

猫咪左右眼颜色不同，就叫鸳鸯眼（Odd-eye）。在日本，黄色系和蓝色系的颜色组合，被称为"金目银目"，因为寓意着好兆头，很受珍视。

06
我就是我，再迟钝也是我

这世上有许许多多的规矩和礼法，

总考虑该为哪件事花多少心思，十分耗费心神。

相比那些终日吵吵嚷嚷、喋喋不休的人，

静静地、默默地生活的人，

似乎多少显得有些迟钝。

也许你会觉得

周围的人都充满活力、爽快利落，

只有自己还待在黑暗里。

大家都精神抖擞，

只有自己闷闷不乐。

像轻轻晃动的海水，

又像吹拂的风，

摇摆不定。

简直是又顽固，又土气。

可是，

就算和别人不同，自己就是自己。

这样就很好啊。

出名的猫

猫咪短袜（Socks）

猫界唯一的"第一猫咪"——短袜，是美国前总统克林顿的爱猫。猫如其名，黑白相间的短袜拥有雪白的爪子，具有很高的人气。在美国，每年的 10 月 29 日是 National Cat Day，也就是"猫咪之日"。

07
不完美才好

弯曲的树木,
免于被砍伐而得享天年。
土地,
因为凹陷,
而蓄积了水。
尺蠖,
由于紧缩而拉长身体,
才得以前进。
正是因为最初的不完美,
才能达成目标。

猫咪的谚语

托猫保管胡桃

这句谚语的意思是：胡桃拥有丰富的营养,有滋补身体的作用,但是猫却并不懂得它的宝贵价值。而"托猫保管鱼",则是相反的意思,比喻把最喜欢的东西放在别人眼前,东西会被吃掉的哦。

08
不需要语言

就算雷雨交加、狂风大作,
就算天有不测风云,
但总会雨过天晴,
新的早晨又将到来。
没有永远下不停的雨。
说许多不必要的话,
罗列一堆虚假的言语,就如同暴雨,
不过是一瞬之事。
即便拼尽全力,
也不会持续到永远。
既然如此,
不如好好珍惜每一个当下吧。
顺应自然的行动,
满怀感恩,
说出一句真诚的话。
万千虚言,
不敌一句诚挚的话语。

猫咪的美味传说

猫咪年糕

在日本关西地区,人们将刚刚捣好的年糕做成棒状,称为"猫咪年糕"。有人说是因为年糕的角很圆润,就像蜷成一团的猫咪;也有人说是因为棒状的年糕看上去像猫咪的爪子。看起来真是可爱又美味。

09
自由随性地活着

自由随性地活着，
没什么大成就，
可能会觉得自己没有价值。
但是，
还是请你试着自由随性地活活看吧。
丢掉尊严，
抛却自尊心，
让周围的大多数人超越你吧。
即便你曾经光彩夺目，
也请收敛起光芒，
试着做一颗世间的微尘吧。

猫咪方方面面

给猫咪纸袋子

好奇心旺盛的猫咪，一发现纸袋子、纸箱子之类狭窄的空间，就爱往里钻。"给猫咪纸袋子"，指的是猫咪一边把脑袋套进纸袋子，一边后退的样子。不停后退也无法远离袋子，是猫咪的习惯。

10
慢即是美

想给那些狂妄的家伙们一点颜色瞧瞧,
那就放任他们胡言乱语,让他们得意忘形即可。
想削弱对手的势力,
只需暂时让对方势力扩大即可。
想让他们衰退,
就先放任他们。
有想得到的东西,
就要先给予。
强者必将衰弱。
福兮祸之所倚。
人生就是这样的循环。
弱小、柔和之物,
尤胜强大、刚硬之物。
好坏福祸,必将循环重复。
所以,请你好好守住自己的根本,
确保并稳固自己的立足之地。

猫咪方方面面

长的猫尾巴不流行

据说,在开始出现浮世绘的江户时代,短尾的猫相当受欢迎。歌川国芳的《养猫五十三图》、三世广重的《百猫画谱》中的短尾猫出现概率,竟然高达七成。当时,人们相信猫的长尾巴一旦分叉,就会变成猫妖。

11
活成自己的样子

人们常觉得不能没什么想法地活着,
事实上,这样活着也并没什么不好。
若无其事的行为举止,
不带策略性质的动作,
总会吸引其他人跟随其后。
人们总抱着某种目的,试图获得成功。
然而,
为达目标的不择手段,
却极可能使"追求"变成"私欲",以致难以有所成就。
活着的目的,
并非声名。
只要你明白这一点,自然不会储存一堆乱七八糟的欲望,
从而得以享受平静的生活,
最终,
活成自己真实的样子。

出名的猫咪

> **黑猫团子**
>
> 原曲是意大利的民谣。在日本则是 1996 年,由当时 6 岁的皆川治演唱,一时大热。顺便一提,受到这首歌的启发,常陆那珂市海滨铁道的那珂凑车站有一只取名为"阿治"的黑猫"站员"。

12
哪儿都不去也挺好

就算哪儿都不去,
也能了解世界。
不必出外到处走走,
也能感知季节的变换更迭,
生命萌发的自然法则。
体验主义也挺好,
但如果总是外出,过于注重体验本身,
就很可能错过那些
你真正想要了解的事物。
不特意外出,
不去体验,
不放在手里细看,
也能了解身边存在的事物哦。
什么都不做,也没关系哦。

猫咪的谚语

田藏田猫在旁边走

有一种长得很像麝香鹿的兽类叫"田藏田",是一种经常被猎人误认为麝香鹿猎杀的愚蠢兽类。这句谚语的意思是,像田藏田一样蠢的猫咪,一个劲儿抓邻居或附近其他地方的老鼠,对主人家完全没有贡献。

想太多的话，会越来越想不通哦。

13
淡然地行动

学习知识,
能让我们的想法变得更好,
并且感觉自己在逐渐成长。
然而,
一旦开始想要活到极致,
便会觉得自我被逐渐削弱。
逐渐削弱后,
最终,得失便不再重要。
这就是达观。
如果你想完成自己想做的事情,
就不要热切地期盼,
转而采取一种
"那种事无所谓啦"的态度吧。
"希望能这样""希望能那样",
越挣扎折腾,越无法如愿。

猫咪方方面面

> **猫逗**
>
> 指猫爱玩儿的狗尾巴草。也指玩具。另外,江户时代流行的一种和服带子,因为能逗到猫咪,也被叫作"猫逗"。

我的开心时刻。
有话，会儿再说。

14
找到自己的风格

学习和修行,品性和美德,
找到属于自己的风格吧。
不必过度考虑
为了生存该做些什么,
怎样的人才值得受人尊敬,
自然而然地习得最好。
活着的过程包括,
学习,
成长,
发展,
完成,
成熟,
拥护,
被保护。
顺水推舟,
顺势而为。

猫咪方方面面

> **不求猫**
>
> 明治三十八年(1905年)开始发售的商品名称。俗称"不求猫"。其实是驱除老鼠的杀鼠剂,人们从古代就开始使用了。现在则被日本《毒品及剧毒物品管理法》限制使用。

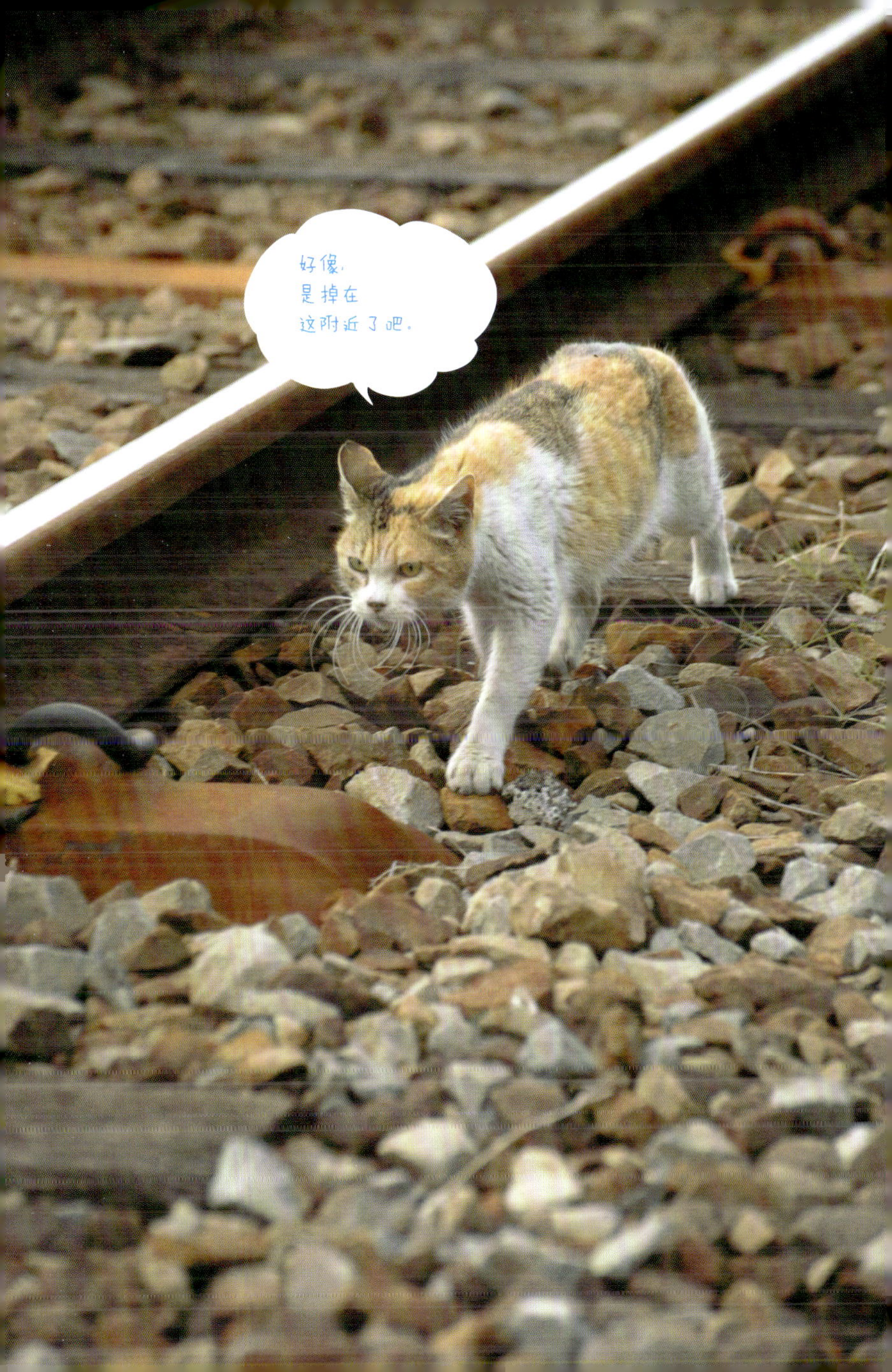
好像，
是掉在
这附近了吧。

15
心怀珍珠般的真实心声

我的话,
简单明了又容易执行,
却很少人理解,
也很少人执行。
我的每一句话
都有充分的理由,
我的行动
围绕一个中心信念展开。
然而,
世上的人却完全不理解。
因此,我的真实心声无法传达给世人。
但是,
有理解我的人。
所以,
我的存在非常珍贵。

猫咪的谚语

不管有没有,都是猫尾巴

猫咪的尾巴,有短短圆圆的,也有弯曲的、细长的,各有各的个性,但是"不管有没有,都是猫尾巴"(有没有都行)这种说法,还真是妙极了。

啊!
就是那里!

CHAPTER 2

获得心灵的安宁

不过分努力,不预设目标

01
有比金钱更重要的东西

如果这世上只有头脑好的人受到优待,

那人们就会开始竞争。

假如认可金钱至上的价值判断,

那做坏事的人也会增加。

变得更聪敏,

变得更有钱,

就这样,

人心就会迷乱。

抛弃这样的欲望和野心,

过符合自身实际状况的生活吧。

不要烦恼这烦恼那,

放空你的心,轻松地活下去吧。

这样一来,

你会轻松得多哦。

出名的猫咪

猫咪皮特

美国作家罗伯特·安森·海因莱因,发表于 1956 年的科幻小说《进入盛夏的门》中主人公心爱的猫就叫皮特。这篇写成于手机和网络都未存在时代的未来小说,以时间旅行为主题,如今读来依然令人激动。

金钱、地位、名誉，哪个都没兴趣。

02
像花草那样自然地活着

在大自然之中,植物以及其他万物,

诞生、成长,

没有哪种事物会得到人特殊的关爱。

树木和花草,

没有任何目的,也没有意图,

只是理所当然地,

十分普通地,

发芽,

开花,

结果。

它们并非大自然以某种特定意图创造之物,

但却绵绵不绝,无穷无尽。

让我们像大自然一样,

不多言语,

顺势而为、自然随性地活着吧。

猫咪的咒语

> **猫咪离家出走**
>
> 猫咪离家出走时召唤它回家的咒语。将写有百人一首[1]中纳言行平(在原行平)[2]的诗句"我下因幡道,松涛闻满山。诸君劳久候,几欲再回还"的纸张贴于玄关处。Please come back,我的小猫。

---

[1] 百人一首:在日本广为流传的和歌集。
[2] 在原行平:平安初期,平城天皇之孙,阿保亲王之子,在原业平之兄,中纳言为其官职。

今天的零食，是什么呢？

03
不要慌乱

天空和大地,是永恒的。
天空和大地只是存在在那里而已。
不努力,不慌乱,
只是单纯地存在。
像天空一样,
像大地一样,
宽阔疏朗地活着吧。
将他人之事优先于自己之事,
抛弃私利私欲,变得无私吧。
不要策略,
不要谋划,
平静地生活吧。

猫咪方方面面

猫车

指独轮的手推车。它像猫一样哪儿都去,还发出咕噜咕噜的声音,人们因此称其为"猫车"或"猫"。根据日本《道路交通法》的规定,猫车是轻型车辆。在德国,人们叫它 Kipp-Japaner(东倒西歪的日本人)。

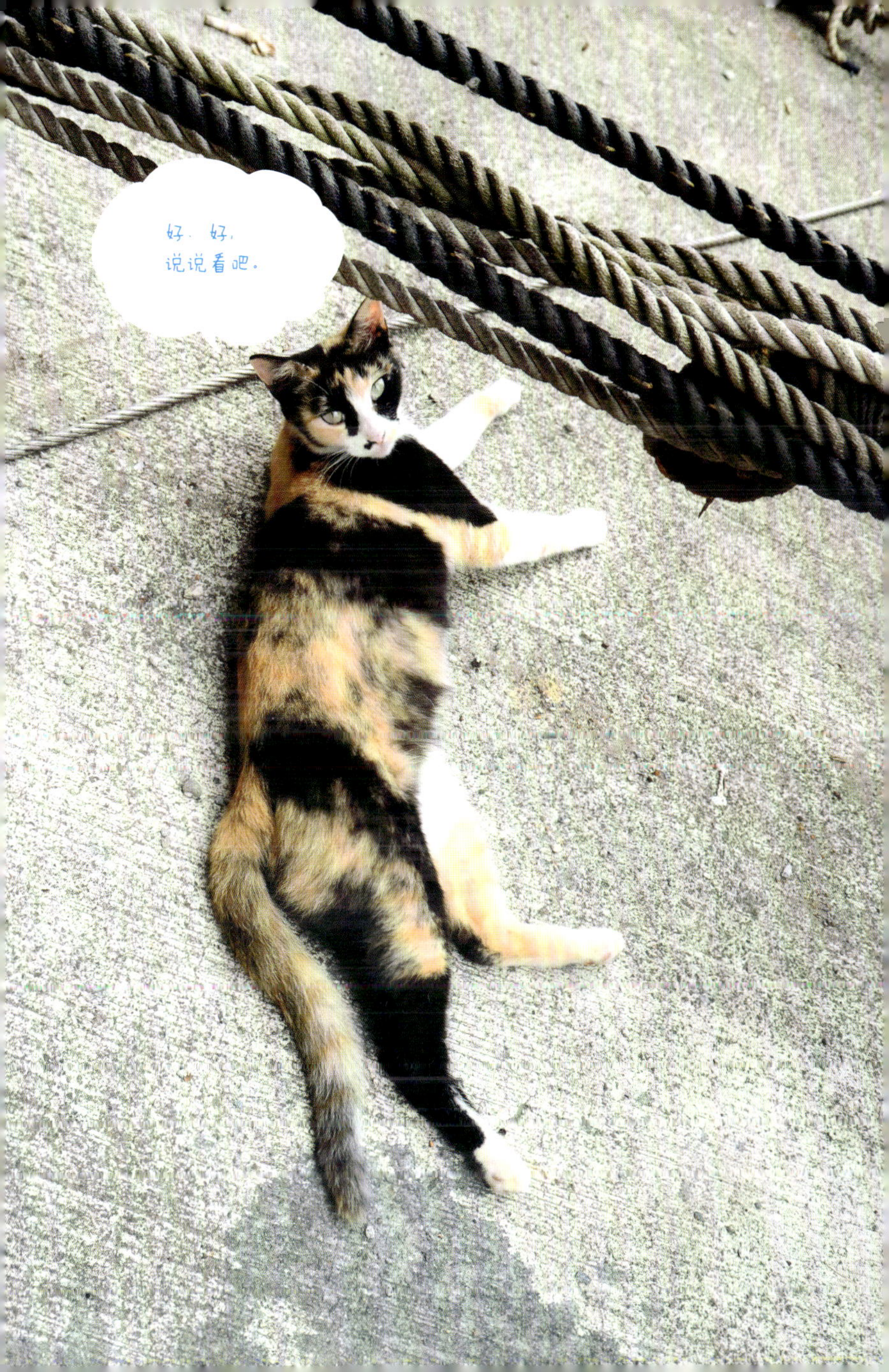
好，好，
说说看吧。

04
不被感谢也没关系

与人相处中,
不诚实,便得不到信赖。
但是,
没必要引人注目。
比如,假设有人因为你的建议,
大获成功,
他也并不会觉得是受了他人的恩惠,
而会认为一切全靠自己努力成就,
那也没关系。
即便做了应做之事,
那也只有你自己知道,
不用从任何人那里得到感谢。
即便无人回应,
也请你庄严地完成那些了不起的事情吧。
就像大自然一样。

猫咪的谚语

给猫金币

在猫眼前堆满金币,猫也不懂它们的价值。意思是说,做这种事是没意义的。顺便一提,"给猪珍珠""对牛读经""对狗讲论语""给兔子写祭文"等等谚语,都用于表达类似的意思。

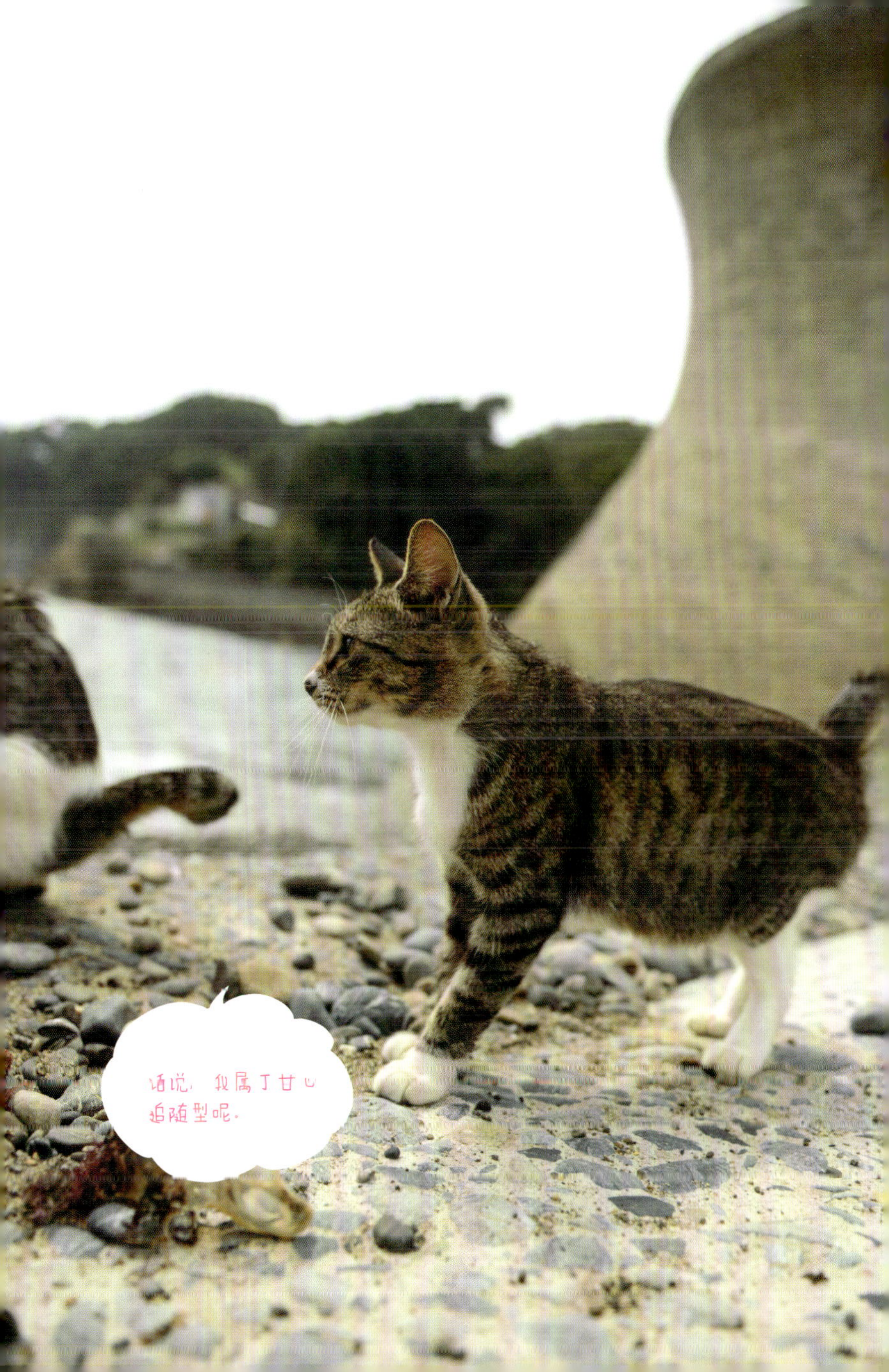
话说，我属于甘心
追随型呢。

05 威风凛凛

稳重而有分量之物,
可作为承载轻盈之物的基础。
安静平稳之物,
可作为喧嚣繁乱之物的范本。
不要挤在人群之中吵吵嚷嚷,
悠闲一点吧。
不要轻浮,
稳重一些吧。
不要和大家一起热闹,
花点时间在家中享受一点舒适悠闲的时间吧。

猫咪奇谭

猫咪天气预报

传说,猫咪洗头,天要下雨。有人说那是因为随着湿气加重,猫咪的胡须逐渐失去弹性,身体的毛也开始发痒。据说猫咪的祖先来自非洲沙漠,所以它们讨厌雨和水。

"我是百兽之王!"
……不行吗?

06
没有不需要的东西

达人，善于运用善的力量。

无论面对何人，

都能相信，并引导出对方身上善的力量。

世上没有无用之人，

也没有可以抛弃不理的人才。

行善者将成为人们的模范，

世上存在不会行善之人，行善者因此成了"师"。

行善者受人尊敬，

也能从不会行善之人处学到许多。

善事看起来谁都能做，却不是谁都能做到的。

正因世上有不会行善之人，

才给了人思考行善这件事的契机。

不要蔑视善人，

这个道理谁都懂，

但爱不会行善的人，

却不是件容易的事。

善人是不善之人的师父，

不善之人，也是善人的师父。

<mark>猫咪方方面面</mark>

> **猫座**
>
> 由杰罗姆·拉兰德订立于18世纪的星座。据说原型是拉兰德的宠物，可惜后来这个星座并未普及开来。无论十二生肖还是十二星座里都没有猫，还真是可惜呢。

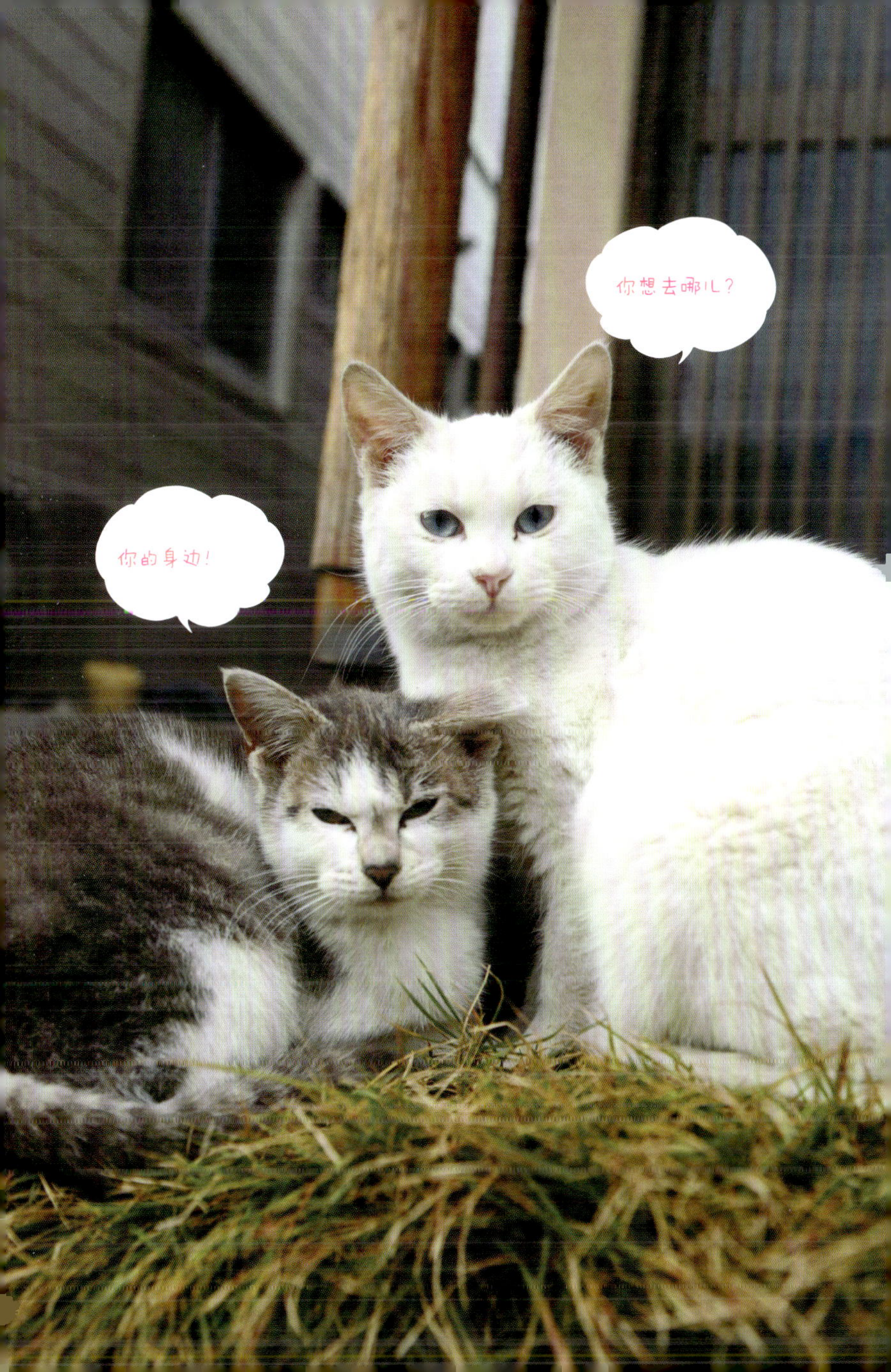
你想去哪儿？
你的身边！

07
不炫耀力量

当人们试图以权力和压力,
迫使众人集结成组织时,
便有了战争。
一旦发生战争,肥沃的土地便会荒芜,
终有一天,土地将变成不毛之地。
胜利,
并不等同于扩大组织。
强大、扩张,
称不上胜利。
万事万物,
繁荣之后,
必将伴随衰退。
变得强大,
并非真正的终点。

猫咪的谚语

披着猫皮

明明知道却佯装不知,隐藏本性假装老实的行为,被称作"披着猫皮"。这实在是冤枉猫咪了,它们并非总是做了坏事不承认的啊。

再努力努力，工作到傍晚吧。

08 上善若水

善行如水。
流水给万物带来益处,
有时,
它流到谁都不愿意去的地方,
却也不争不辩。
如同水流往大地的每一个角落、缝隙一般,
像水一样活着的人,
对众生万物有着一份绵密细致的关怀,
情深、诚挚。
在既定的状况中认真地做好应做之事,
并不与人竞争,
只专心做好自己应做之事。
不竞争,便不会被卷入麻烦之中,
这就是水的奥义。

猫咪奇谭

> **猫眼**
>
> 猫的视力只有人类的十分之一。色彩辨别能力也相当差,但是,由于视网膜下的明毯组织的作用,即便在夜晚黑暗的环境中,只要有一点微弱的光亮,猫眼也能看清东西。真厉害。

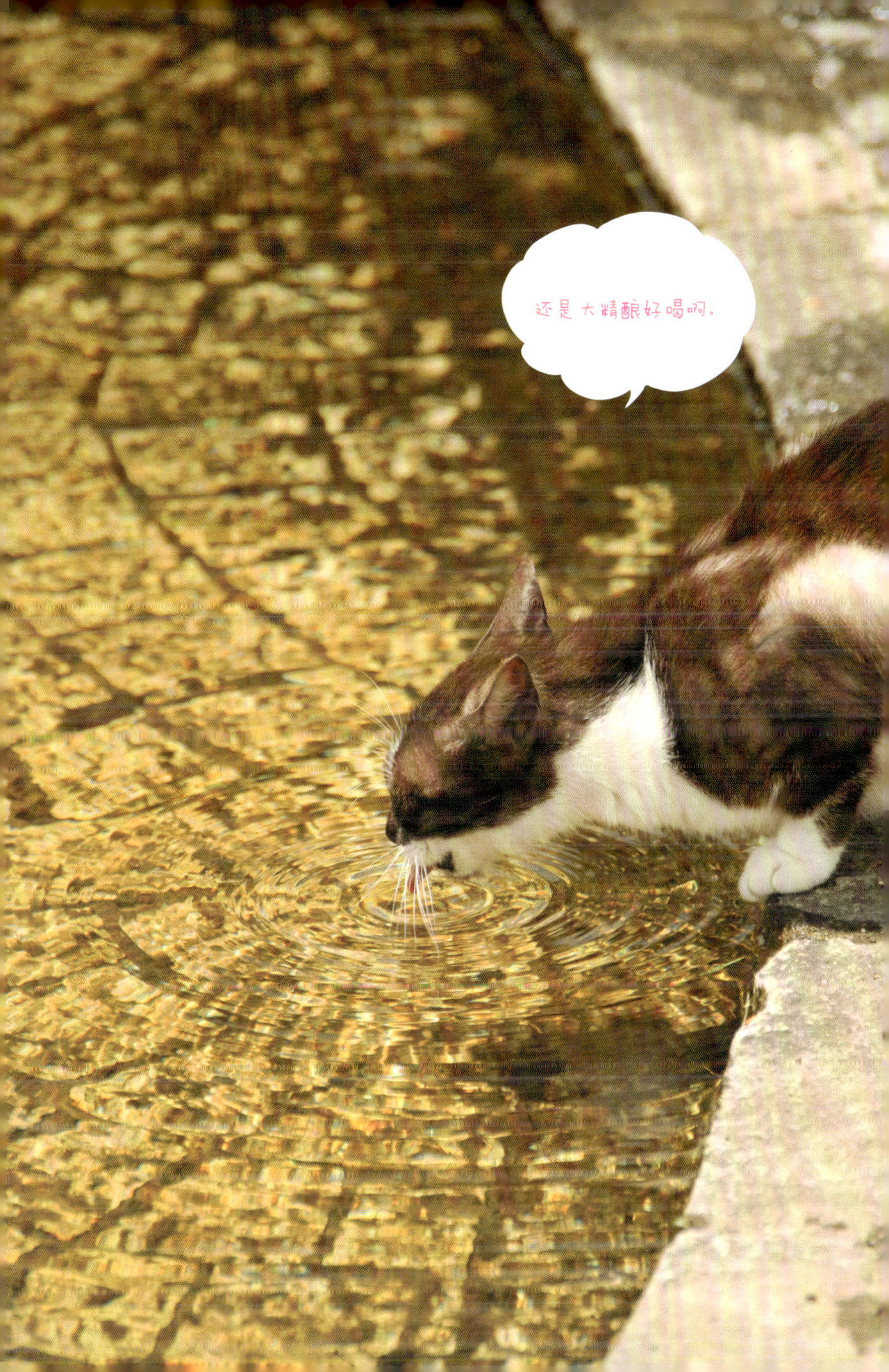
还是大精酿好喝啊。

09
要像沙砾而非宝石

任何人,
归根结底,都是普通人。
贫穷,
不幸,
怀才不遇。
但只要有立身之处,
就有上升的机会。
成功的人,
并非一开始就是成功者。
切记,
任何人,
都是一个人活在这世上。
可是,
绝不要认为自己是颗特别的宝石。
任何人,
都不过是路边的沙砾罢了。

猫咪的谚语

猫脖子上系铃铛
法国寓言里有这样一个故事。老鼠们集会讨论决定在猫脖子上系上个铃铛,这样一来,一旦猫靠近它们就能知道,问题是没有老鼠能做这件事。想法再好,无法实施也不行呢。

你能两脚站立吗？

10 缓慢闲适，心灵丰富

这样做不行，

那样做也不行，

规矩越多，干劲越少。

相反，

那也要这也要，欲望过度膨胀，

心灵也不得安宁。

过度受拘束不好，

但是，

也不能只重视新事物。

如果你向往没有纠纷、没有争论的日子，

就请在自己的日常生活中摒弃煽动与挑剔。

让我们每一天，

都丰富自己的心灵吧。

出名的猫

> **凯蒂·怀特 (Kitty White)**
> 三丽鸥公司的卡通角色。诞生于英国伦敦郊外的凯蒂，A 型血，生日 11 月 1 日，天蝎座。身高五个苹果，体重三个苹果。最爱吃的东西是妈妈亲手做的苹果派。

我监视这边,
那边拜托你了。

11 以慈悲之心待人接物

我有三条视若珍宝的信条：
第一条，心怀慈悲；
第二条，谦恭谨慎；
第三条，绝不为人先。
心怀慈悲，
才有勇气下决定并付诸实践。
谦恭谨慎，执守清贫，
便总能知足。
不为人先，不骄傲自大，
反而有人愿意追随。
即便面对竞争激烈的对手，
只需以一颗慈悲之心相待，
便能消除彼此之间的隔阂。
珍视、守护身边之人，
方可使众人一心。

猫咪方方面面

猫不留

原指难吃得连最爱吃鱼的猫都嫌弃的鱼，后转为泛指难吃的东西。也叫"狗不食"。相反，在日本关西那边"猫不留"指的是"被吃得连骨头都不剩的好吃的鱼"。

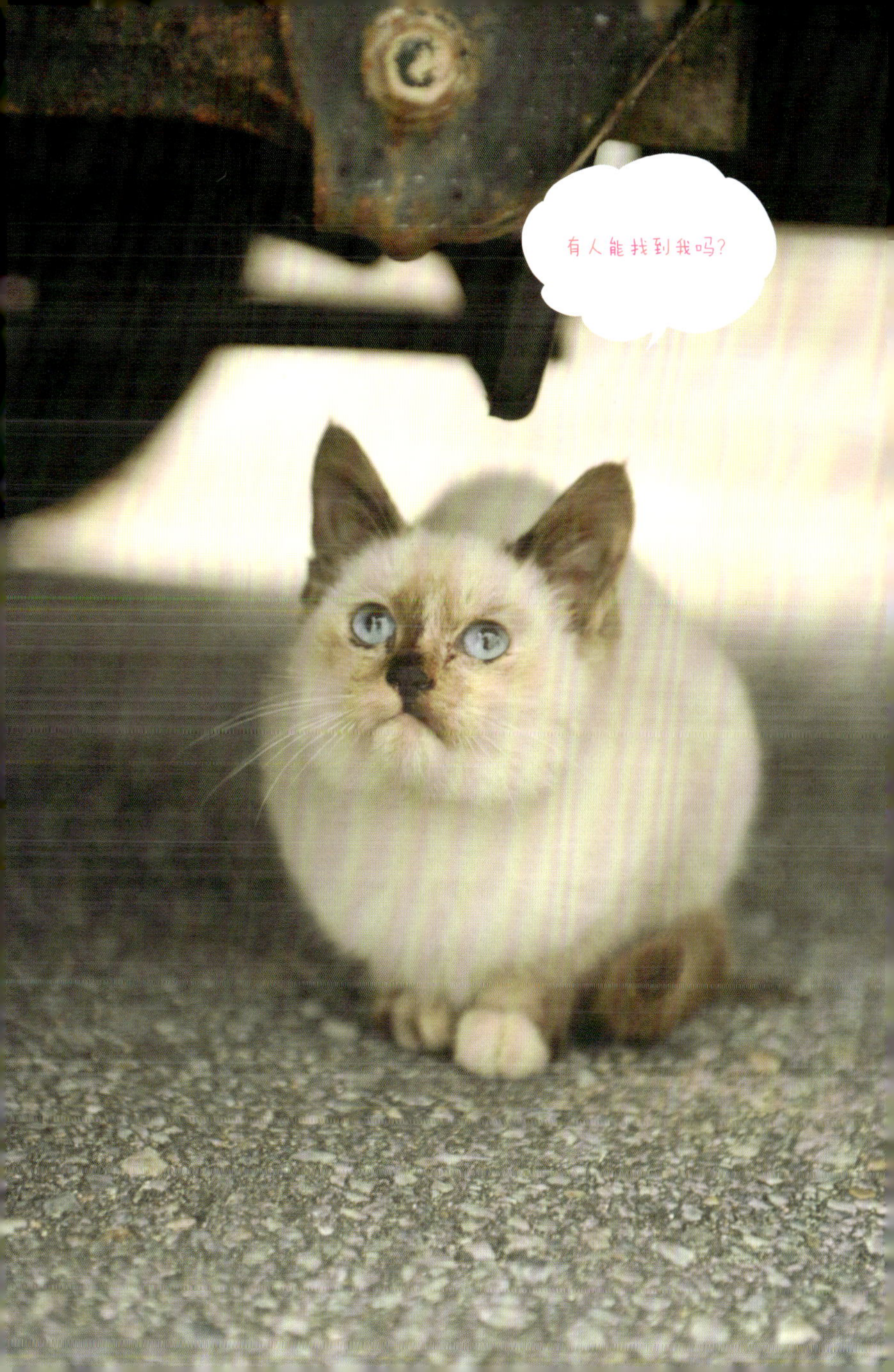
有人能找到我吗?

12
柔软地接受

每天为各种各样的事烦恼,
矛盾纠结,心灵疲惫时,
试着像婴儿那样调整呼吸,
放松一下。
不论是哭是笑,
婴儿的心始终犹如一面明亮的镜子,没有丝毫模糊。
全身心地尽力去爱,
就没有闲暇考虑多余累赘之事。
以柔软的态度接受周遭发生的一切,
不要时刻强调自己,
只需自然随性地行动即可。
就像婴儿自然地成长一样,
就让一切
自然地发生、成长吧。

猫咪方方面面

> **猫咪头巾**
>
> 江户时代消防员戴的木棉制头巾。为了阻挡火花和热风,以绀木棉和纸型印染的棉衣为材料,衲缝而成。就像现在所说的绗缝。现在又重新被使用于防灾。

> 能明天再做的事,
> 今天就不做。

13
"不懂装懂"是病

人生在世，
要学的东西很多。
请虚心地承认
这世上还有许许多多你不懂的事情吧。
不懂装懂的人，
在这世上为数不少，
那是一种病。
为了防止自己染上这种病，
请时刻保持自觉：
"不懂装懂是一种病。"

猫咪的谚语

猫有九条命

英语里有句谚语：A cat has nine lives. 猫从很高的地方跳下来，也能稳稳当当地着地，所以猫不容易死。在日本，人们传说上了年纪的猫，尾巴会分叉，变成"双尾猫"。

……这，好像越抓越缠在一起了？

14
柔软而非刚强地活着

人类也好，其他动物也好，
出生时都柔软而弱小，
死后才开始变得僵硬。
世间万物，
最初都如草木般柔软脆弱，
生命逝去时才枯萎、僵硬。
也就是说，
顽固不化、固执己见，形同死亡，
柔软脆弱，
是活着的证据。
徒有坚硬的木头必定易折。
不要总想着变强大，
好好珍惜自己的
柔弱和纤细吧。

猫咪奇谭

猫舌头

不仅是猫，大多数动物都不吃烫的东西。万一嘴巴被烫伤，将危及生死。猫咪通常会伸长舌头，用舌尖测试食物的热度，人类要是模仿这种行为，却会被认为没有礼节呢。

啊……好想快点去剪头发。

15 大树，最初也是小苗

双手无法合抱的大树，
最初也是小树苗。
高楼大厦，
也是由细小的泥土堆积而成的，
千里之行始于足下。
坚硬的金属，易碎易熔，
小小一团时，极容易分解。
在它还未成型时采取措施，
就可以在四分五裂前集成一个整体。
莫忘初心，
点点滴滴，
慢慢积累吧。
试着感受
微小的事物
变成巨大的事物的过程吧。
就像大自然中树木的成长那样，
把一切交给自然吧。

猫咪的谚语

> **猫就算秃了也是猫**
>
> 无论形态变成什么样子，猫就是猫（意为那么奇怪的事不会发生在这世上）。话说回来，因皮肤病、胃肠炎、过敏症等原因脱毛的猫，真是意外的多呢。甚至有因为打架而脱毛的案例！

我迷路了。

CHAPTER 3

爱,很美好

在我身边,有许多小美好

01
心总是空空荡荡

在某方面很优秀的人,
也许心里总是
空空荡荡的。
空空荡荡的心里,
装的是别人的心。
"好事"自然是"好的",这谁都懂,
但"坏事"
其实也是好事。
当糟糕的事情发生时,
请你像接纳好事情一样,
接纳它。
信用、信赖也一样。
背叛和欺骗,
是另一种
"信任的心",
请甘之如饴吧。

出名的猫

> **猫咪事务所**
>
> 《猫咪事务所》是宫泽贤治发表于大正十五年(1926年)的童话故事。在轻便铁路的停车场附近,有一家专门调查猫咪历史与地理的猫咪第六事务所。事务长是一只黑猫,书记是白猫、虎猫、花猫。

越安静,肚子就越咕咕作响呢。

02
成为母亲般的存在

大自然的运转,
犹如在山谷深处进行的
神奇事件。
永远
不断给予万物生命的大自然,
与给予孩子生命的女性极其相似。
大自然
一直在孕育着生命,
没有人发现,
也没有人感谢,
它却永不知厌倦,
永远永远地
孕育着万物。
正如
母亲一样。

猫咪方方面面

> **猫眼石**
>
> 宝石的一种,用光一照就会出现像猫眼那样的纹路,因此人们叫它"猫眼石"。蜂蜜色般的底色上,有明显的白色眼睛状纹路的猫眼石,价值非常高。

真想永远这样。

03
什么都没有，才有用

无论多么高价的器皿，
能作为器皿起到作用，
是因为它里面是空的。
家也一样，
有窗有门，
但真的让家起到居住作用的，
却是家内部的"空"。
"空"，即无形。
正因为无形，
才有用。
空，
其实很美好。

猫咪美味传说

> ### 猫饭
> 指撒上鲣鱼干，浇上味噌汤的白米饭。最初是庶民料理，一般用剩饭来做。说起来，在日本 1000 多年的历史上，战国时代的北条家就特别爱吃猫饭。

卖光啦,
没货啦,不好意思啊!

04
生于根，归于根

让心空出来，
静静地观察看看，
即便是生长中的草木，
你也能看到它们回归本真的模样。
无论多繁盛的植物，
终有一天也将叶落归根。
变回最初的样子，
回到出生时的模样。
一定会叶落归根。
这是不变的法则。
请不要忘记，
不论取得多么耀眼的成功，
都一定会
叶落归根。

猫咪的谚语

连猫爪都想借

人们似乎总以为猫除了抓老鼠之外，一无是处呢。"猫也行啦，快搭把手（忙到这种地步）"这种说法对猫真失礼，哼、哼。想尝尝无敌喵喵拳的味道吗？

不是跟你说了吗？
"我在树上等你。"

05
每个人都是一棵小树

没人会用一棵小树当道具,
但是总有一天,小树会长成大树,
产生许许多多的用途。
如果要把小树砍掉用来做些什么,
就必须给这些做出来的东西取上名字和叫法。
与此相同,
原本,每个人本该都是自由而相同的,
因为各种各样的作用和角色,
而有了不同的名称和身份。
人,是一棵棵小树。
被职位和地位左右,是无意义的。
请不要再用这些东西来区别人。
每个人都像是一滴水,
小小的水滴最终将汇成大河,
流入大海。

出名的猫咪

> **猫咪女神**
>
> 古代希腊神话里的猫女神,名叫"巴斯特"(Bastet)。据说她是保护人们免受病痛侵扰的镇宅神,并作为多产的象征,掌控丰收和性爱,同时还喜好音乐和舞蹈。

吃饭前的时间，
就待在这儿吧。

06
不要虚张声势

逞强地踮起脚尖站着,
无法久立,
勉强张开双脚行走,
无法远行。
再怎么自吹自擂,
也得不到他人的认可。
再怎么固执己见,
也很难赢得赞同。
哪怕做了再了不起的事,
要是只想着摆架子耍威风,就白做了。
炫耀地位和身份,
并不能使你永久拥有它们。
虚张声势、爱慕虚荣,
就像暴饮暴食、好管闲事,
是令人讨厌的行为。

猫咪方方面面

> **猫日**
> 世界上很多国家都有猫日,俄罗斯是 3 月 1 日,美国是 10 月 29 日。International Cat Day(World Cat Day)是 8 月 8 日。日本的猫日则由创立于 1986 年的"猫日指定委员会",于翌年,定于 2 月 22 日。

我钓的鱼，有这——么大呢！

07
抛却理论吧

到底该怎样生活在这世上,答案没有线索,
无形、无音,无处可寻,
请想象一下世间一切融为一体的画面吧。
身处上位,未必就比较明亮,
身处下位,也未必就比较昏暗。
不管身处何地,都接受同样的阳光照拂,绵延持续直至永久,
时而回归无形。
了解无形之物,倾听无声之声,
感受这茫茫汪洋般的世界吧。
成就无形之物的形态,
处于一种似有似无的茫然之中,
这种状态称作恍惚。
一边思考那些问题一边前行,
就能明白为什么而活,
为什么出生在这世上了吧。
要知道为什么活着,
活着很重要。

猫咪奇谭

> **猫背**
>
> 蜷成一团的猫的背脊(椎骨),有 60 个呈圆柱状的骨头。猫能蜷缩成一团,伸懒腰,具有极佳的柔韧性和运动能力。相比起来,只有 34 块椎骨的人类就不适合蜷成一团了。

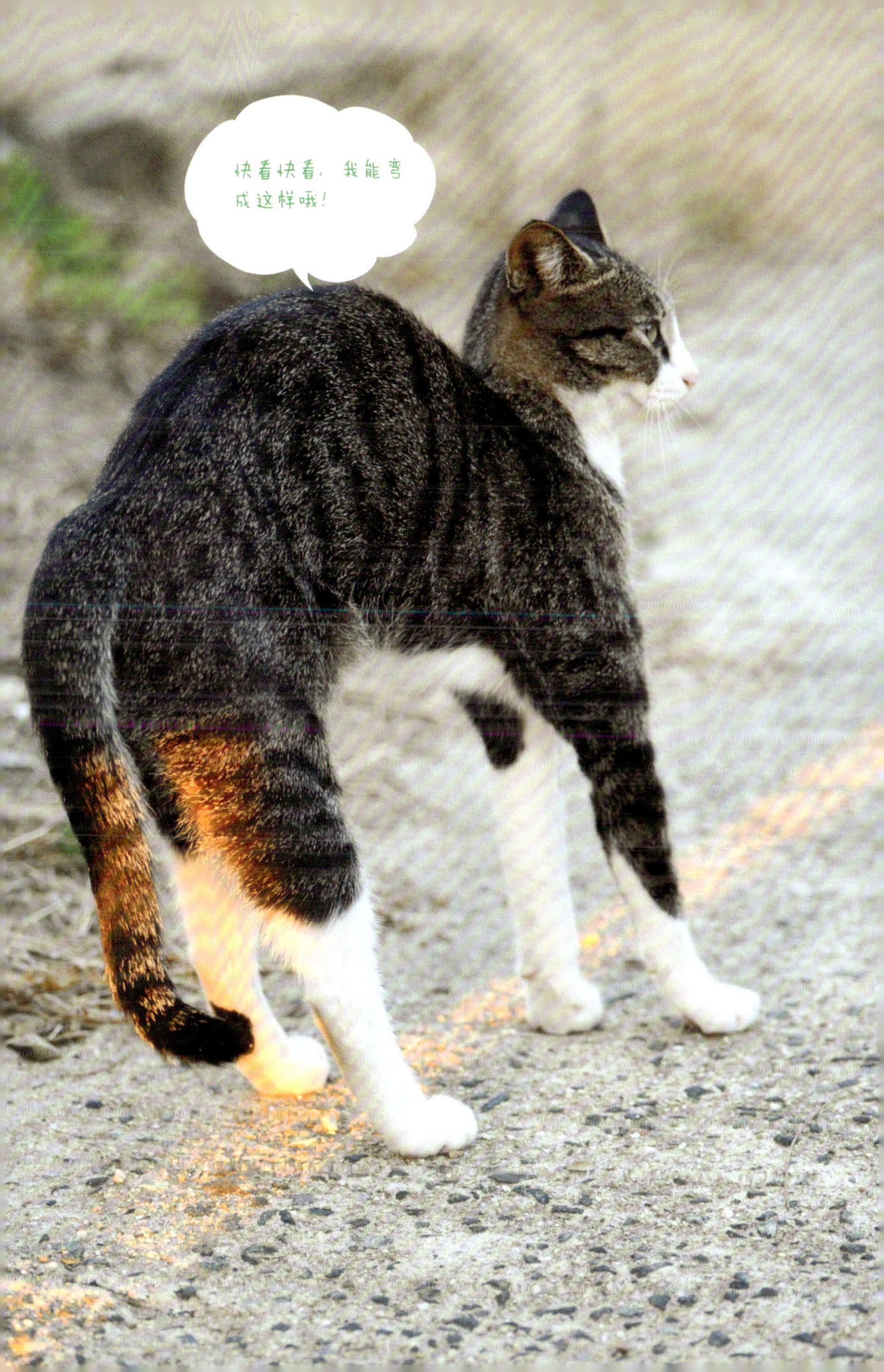
快看快看，我能弯成这样哦！

08
不执着

即便努力赢得了第一，夺得了天下，
也不可能得到整个世界。
称霸世界、统一天下，
并非努力就能做到，
而是由许多综合因素所掌控。
即便统治了天下，
也不可能万事顺心遂意。
地位、体面、财产、名声等等，
如若将其作为夺得天下的证明，便有了执着心。
越执着，
那些证明越无法永久，
也越容易失去。
所谓圣人，
不取甚（极端的态度），
不溺奢（奢侈），
戒泰（怠慢）。

猫咪奇谭

猫鼻子
形容那些经常冷冰冰的东西。说句题外话，猫咪醒着的时候，由于鼻子内侧的细胞分泌的液体，鼻子变得湿湿的，对臭味也很敏感。但是，睡着的时候，由于分泌活动的减缓，猫咪鼻子前端会变得干干的。

如果我"汪"的叫一声，你会吓到吗？

09
心怀不求回报的爱

心里装着 Give and Take 的人,
总喜欢强迫身边的其他人接受这个想法,
他们所有的行动都由特定的目的所驱动。
更有甚者,如果没有得到感谢和回礼,
他们就不愿行动起来。
在爱与尊敬之情逐渐淡薄的同时,
产生了一种名为义礼人情的理念,
所谓礼仪,是真心和爱意淡薄的表现,
是纠纷和争端的根源。
对人的谅解与慈悲,
并不是为了什么目的而给予的,
而是无偿的爱。
先于人们发现、想到,
正能证明你头脑好,聪明。
但是,从自然随性地活着这个角度看,
那不过是路边只开花不结果的"谎花",
愚蠢而虚荣。

猫咪方方面面

吓唬猫

相扑的招术。在对手面前拍打双手,以惊吓对方,令其闭上眼睛的奇袭战术。由于舞之海[1]在服役时代经常使用,而广为人知。要是在真正的猫咪面前做这个动作,猫咪也会吓一跳吧。

---

[1] 舞之海为日本相扑运动员,退役后改名为舞之海秀平。

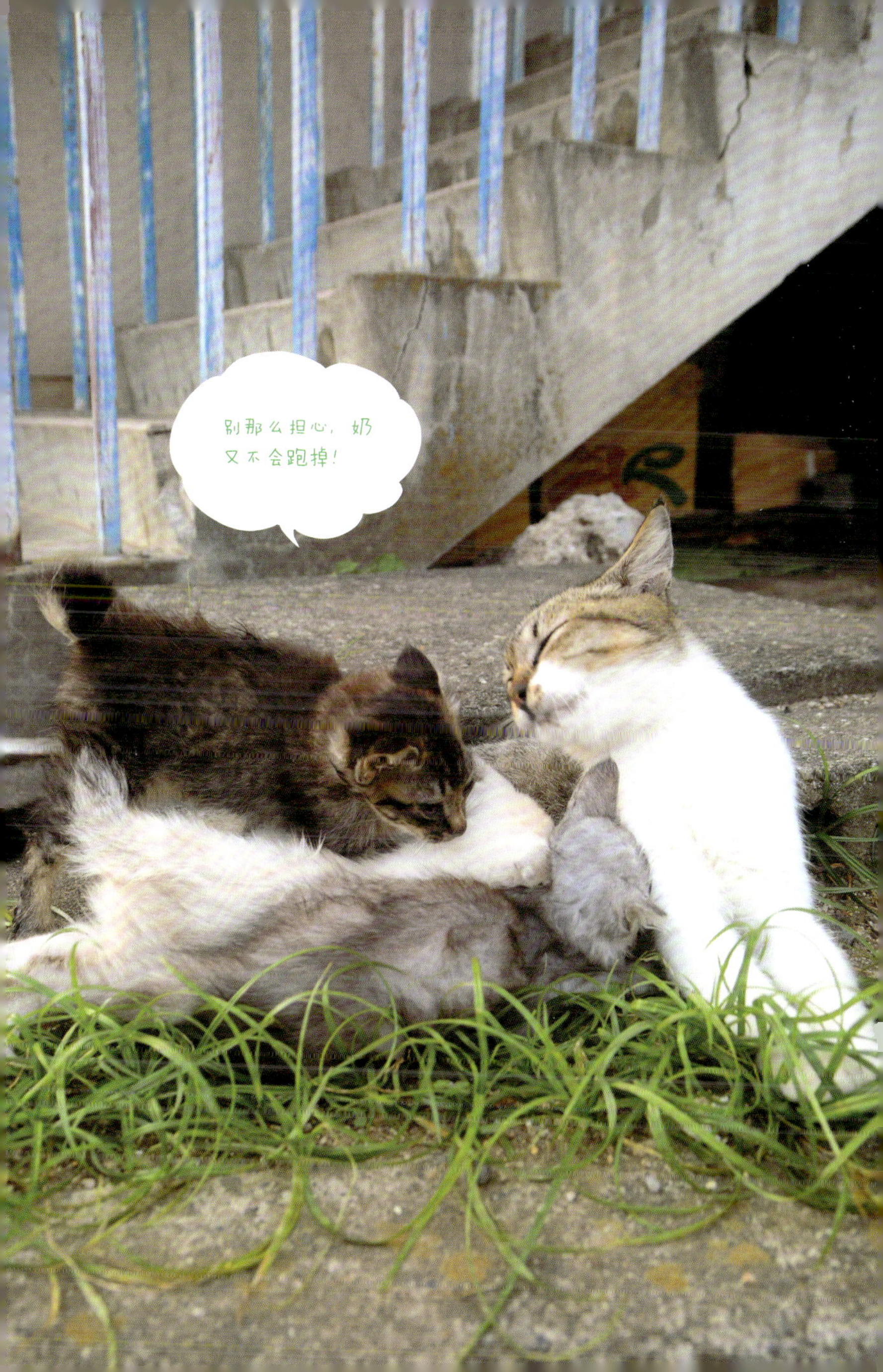
别那么担心，奶又不会跑掉！

10
有与无的反复

人在做事时,
总是要时常
回归原点。
如果你想要挑战什么事,
比起挑战大事,
不如挑一些看似不起眼的小事。
柔软地度过一生吧,
这样一来,
反弹不会太激烈。
世上万物,
莫不是无中生有,
最终也都将回归于无。

猫咪的谚语

> **猫下**
>
> 就像《平家物语》里的"耳闻将猫吃剩之食赐予"写的那样,猫吃剩的食物,以及猫未将食物吃完,就叫"猫下"。话说回来,为什么不都吃掉呢?

完蛋了,没考虑怎么下去。

11 除了五感之外，还能感受到什么

雪白的东西，
因为白色太过显眼，反而，
看上去更脏。
出色的人生，
也因为太过出色，
而显得残缺。
四方形如果变得无限大，
人们就找不到它的角。
应该听到的，
并非是耳朵能够听见的声音。
应该有的人生形态和生活方式，
不可能通过有形的形式表现出来。
我们的生活中，不仅仅只有那些能看见听见的事物，
也有超越五感之外所能感受到的东西，
一些无法命名的东西，
它们存在着。

猫咪奇谭

> **猫的年龄**
>
> 家猫的 1 岁，相当于人类的 17～20 岁，2 岁相当于 23～25 岁，之后，以每年增加四五岁的比例类推。家猫的寿命是 14～18 岁。野猫的寿命则要短个 2～6 年。

凶手在……
这里面!

12 一个一个，慢慢积累

任何事都从一开始，
一生二，
二生三，
三生万物。
万物皆从黑暗中诞生，
都享有沐浴阳光的机会。
从负起步，
可以转负为正。
万物总是和谐的。
现在觉得吃了亏，将来可能会变成福。
现在得了福，将来可能会转为吃亏。
同样，
教给别人一些事情，
便得到了受教的机会。

猫咪美味传说

> **猫舌**
>
> 以法语中的"猫舌"（langue de chat）命名的烤制点心。使用精心烤制的黄油和同量的白糖、面粉和蛋白，吃起来非常松软爽口。有着细长的形状，以及表面粗糙的感觉，很像猫咪的舌头呢。

我在做梦吗？为什么怎么走都是一样的风景。

13 受恩赐的生命

从出生
到死亡,
是人的一生。
世上有长寿之人,
也有短命之人。
其中,
也有人原本可以长寿却自折寿命。
明明可以活着,
为什么要急着去死呢?
可能正是因为对活着太过执着了。
生命并不是我们自己的东西,
而是我们得到的恩赐。
人生,
在我们不得而知的地方,就有了一定的程序。
不管发生什么,都不可怕。
为什么呢?
因为,还不是死的时候。

猫咪的谚语

会抓老鼠的猫藏爪子

猫咪通过磨爪,使爪子保持锋利,防止爪子过长弯曲变形。此外,磨爪还是它们向其他猫宣告自己的地盘的象征性动作,因此它们往往会在最显眼的地方磨爪。不知道它们在老鼠面前会怎样呢?

挂在隔山屏风上的手。

14 像大自然一样宽广的心

浮夸表面的美丽词句，
并非不掺虚假的语言。
不论多么美丽的话语，
没有了真心，
自然缺乏诚意。
好人，不多话。
多话者未必是好人。
人们口中的聪明人，
未必是真聪明人，
人们口中的博闻强识者，
未必有广博的知识。
任何事情，不必着急一口气吞下去，
再一口气吐出来，
自然地，慢慢地在自己的内心积累即可。
不骄傲不自大，
以大自然般的心情，
挑选你的语言吧。

猫咪方方面面

> **猫柳**
>
> 一种初春开花的柳树，丛生于原野、河畔的落叶灌木。早春时节开在叶尖的娇嫩花穗，如同白色的丝毛，像猫咪一样可爱。英语里叫作"pussy willow"（小猫柳）。对可爱事物的感知，真是世界共通的呢。

不管在哪里，我都能活下去！

15
不作片面判断

不幸中，
充满了幸运。
幸运中，
隐藏着不幸。
幸与不幸，
难分孰好孰坏。
以为正确之事，
换个角度和立场，就有不同的见解。
万事万物都有明暗两面。
所以，评判一个人时，
不要只看对方是否品行端正。
而且，
也不要总觉得自己就绝对清廉，
绝不会伤害人，
人要耿直，却不能强迫他人。

猫咪的谚语

猫也喝茶

白天晒着太阳打盹儿，晚上到处走来走去的猫，偶尔也会喝杯茶，休息休息。这句话的意思是，一个人做了与他身份不相符的言行。不过话说回来，猫也会想喝茶吧。

有些东西,闭上眼才能看见。

后记

世上有许多优秀的人,也有许多以优秀人士为目标努力奋进的人。

"努力、努力,再努力。只要努力,就能一步步靠近梦想!"很多人这么说服自己,从而让自己学习知识、技术、怀抱目标生活。但是,所谓目标,真的有必要吗?和别人竞争,真的那么重要吗?

人在得到一些东西后,想要的东西会越来越多。那么,不断将各种东西得到手,真的好吗?

为什么不论怎么努力,目标和梦想,却离你越来越远呢?

有人说:"无法实现,才叫梦想嘛。"能简单实现的梦想多无聊啊。话虽如此,永远追逐无法实现的梦想,也很空虚无奈吧。当我思考究竟该怎样度过每一天时,老子给了我"自然随性"的答案。

每天懒洋洋晒着太阳的猫咪也说:"自然随性地活着,喵。"努力、加油,绝不是什么坏事。但若因过度努力而崩溃,就鸡飞蛋打,毫无意义了。另外,老子认为那些炫耀自己的成功,整天把"我这么努力呢""我很努力才变得这么有名"挂在嘴边的人,挺丢脸的。

我们是否在不知不觉间,将超过自身能力的东西,强加给自己了呢?自己能做到的事,自己必须要做的事,自己想做的事。不妨仔细凝视、观察"自己"这个小小的宇宙吧。也许,你能在那里发现些什么,或者什么都发现不了。

跟《天才蠢瓜》里的爸爸一样,老子也时常教诲世人:"这样就好。"将好坏得失兼容并包才是人生。不必一喜一忧,一切都会过去。老子,就是这样给予我们勇气。

如果你觉得这本书好像没什么活力,希望这篇后记能给你的心来一片维生素。

伊藤淳子

从北海道到冲绳，我拍户外的野猫已有5年多了。算了算，这些年我邂逅了2300多只猫咪，每一只猫都在我的回忆里留下了深刻的印象。每当我看到猫的生活方式，心中对猫的喜爱和惊讶便会增加一分。

猫是一种不可思议的存在。人们生活的空间里，混进了这种全身是毛的小动物。它们以自己的自由意志，在柏油路上走动，在人类的房子里进进出出。虽说如此，猫与人的关系并非是隔绝的。自由地阔步在道路上，像这个地区的猫一样，它们受着人们的照顾，因此得以存活。即便是被称为猫岛的离岛，也是一样。它们以港口和民家的庭院，这些人类居住的场所为据点，依靠着人们生活。

对猫咪们来说，在户外的生活并非易事。每天，都要面对生命的威胁。因此，对它们来说，没有父母子女，也没有兄弟姐妹，只要是志趣相投的朋友，就能协力共存，组成巨大的团体。此外，也有讨厌这种关系，像流放者一样生活的猫，就像我们人类一样，猫咪的社会生活同样复杂而多面。

户外的野猫，不像家猫一样长寿。但是，它们有限的生命中却有着浓缩的命运。

它们仿佛在将老子的教诲"自然随性"，展示在我们面前。

在有名的猫之岛——田代岛，我邂逅了雄猫，它不仅当了我的模特，还一直闭着眼站在我身旁，陪伴我直到船启航，海岛的微风吹拂着它长长的毛。

我想问一问全身心感受着大自然的猫咪，我们存在的意义究竟是什么。但是，猫什么也没告诉我。

南幅俊辅

本书猫咪INDEX

神奈川县川崎市川崎区	 冲绳县那霸市	 静冈县清水区三保	 冲绳县石垣市	 静冈县清水区三保
 宫城县石卷市田代岛	 宫城县石卷市田代岛	 爱知县西尾市佐久岛	 广岛县福山市鞆之浦	 冲绳县石垣市
 神奈川县川崎市	 大分县东国东郡姬岛	 神奈川县三浦半岛	 大分县别府市	 福冈县北九州市蓝岛
 神奈川县三浦半岛	 静冈县清水区三保	 静冈县清水区	 神奈川县川崎市川崎区	 神奈川县川崎市川崎区
 宫城县石卷市田代岛	 神奈川县藤沢市江之岛	 静冈县热海市	 宫城县石卷市田代岛	 宫城县石卷市田代岛

静冈县清水区三保	 佐贺县唐津市加唐岛	 福冈县筑紫野市	 静冈县清水区三保	 冈山县笠冈市真锅岛
 冲绳县南城市奥武岛	 神奈川县川崎市	 福冈县北九州市蓝岛	 静冈县清水区三保	 大分县东国东郡姬岛
 福冈县北九州市蓝岛	 和歌山县和歌山市	 爱知县知多郡日间贺岛	 埼玉县川越市	 静冈县清水区
 静冈县清水区三保	 爱知县西尾市佐久岛	 冲绳县八重山郡竹富町	 大分县别府市	 冲绳县南城市久高岛
 爱知县知多郡日间贺岛	 神奈川县三浦半岛	 冈山县笠冈市真锅岛	 神奈川县三浦半岛	 静冈县清水区三保

版贸核渝字(2014)第 232 号
DAIJYOUBU Junko ITO 2014
Shunsuke MINAMIHABA 2014
Originally published in Japan in 2014 by PHP Institute, Inc., TOKYO,
Chinese (Simplified Character Only) translation rights arranged with PHP Institute, Inc., TOKYO,
through TOHAN CORPORATION, TOKYO, and ShinWon Agency Co, Beijing Representative Office, Beijing.

图书在版编目(CIP)数据

没关系,你的人生可以更轻松 /(日)伊藤淳子著;(日)南幅俊辅摄影;清泉浅井译. -- 重庆:重庆出版社,2018.10(2019.4重印)

ISBN 978-7-229-13147-0

Ⅰ.①没… Ⅱ.①伊…②南…③清… Ⅲ.①人生哲学—通俗读物 Ⅳ.①B821-49

中国版本图书馆CIP数据核字(2018)第074211号

没关系,你的人生可以更轻松
MEIGUANXI, NIDE RENSHENG KEYI GENGQINGSONG

[日]伊藤淳子 著 [日]南幅俊辅 摄影 清泉浅井 译

责任编辑:李 梅
责任校对:朱彦谚
装帧设计:九一设计

重庆出版集团
重庆出版社 出版

重庆市南岸区南滨路162号1幢 邮政编码:400061 http://www.cqph.com
中雅(重庆)彩色印刷有限公司印刷
重庆出版集团图书发行有限公司发行
E-MAIL:fxchu@cqph.com 邮购电话:023-61520646

全国新华书店经销

开本:787mm×1092mm 1/32 印张:3.5 字数:180千
2018年10月第1版 2019年4月第1版第2次印刷
ISBN 978-7-229-13147-0

定价:32.00元

如有印装质量问题,请向本集团公司图书发行有限公司调换:023-61520678

版权所有 侵权必究